7岁 的李智慧

奶奶从乡下到李智慧家里暂住几天，但是奶奶只对弟弟和颜悦色，对李智慧却很冷淡，甚至吃饭的时候，也只给弟弟夹鱼吃。

Q：下列李智慧应该采取的行动是？

① **哭闹着说自己也爱吃鱼。**

李智慧被母亲训斥，此后跟奶奶更加疏远。

李智慧的压力 +10，顺应度 –10。

② **为了跟奶奶亲近，给她按摩。**

李智慧的卖力讨好并没有改变奶奶的态度。此后李智慧虽没有跟奶奶疏远，但是也没有再继续讨好。

李智慧的自尊感 –20，社会性 –10。

③ **虽然很伤心但是忍着。**

在餐桌上李智慧一言未发，也没有采取任何行动，但是产生了对奶奶的排斥心理。此后过年过节李智慧都会躲着奶奶。

李智慧的压力 +20，顺应度 +10，社会性 +10。

④ **告诉父亲这件事情并闹脾气。**

吃完饭偷偷跟父亲说这件事情让她很失落，但是父亲却反过来教训她，说她作为姐姐不应该连这点小事情都计较。

李智慧的感受性 –20。

9岁 的李智慧

休息时间在走廊上散步的时候，李智慧被同班男同学东进撩了裙子。李智慧被吓了一跳，把这个事情告诉了母亲，母亲对她说："东进可能是喜欢你吧。"

Q：下列李智慧应该采取的行动是？

① **对母亲发火。**
母亲完全无法理解李智慧为什么发火，此后李智慧遇到同样的事情，再没有跟母亲商量。
李智慧的自尊感 +10，顺应度 –10。

② **觉得羞耻，但是忍着。**
第二天李智慧的裙子还是被东进撩了，但是想到母亲说的话，就没有进行制止。
李智慧的自尊感 –20，感受性 –20，顺应度 +10，压力 +10。

③ **理解东进的心意。**
一直很听母亲话的李智慧，决定理解东进的心意。此后遇到身边人的性骚扰发言，也只当成是对她的关心。
李智慧的社会性 +10，顺应度 +10。

④ **第二天扯下东进的短裤。**
李智慧被老师叫去教训了一顿，但是此后没有再忍耐性骚扰行为。
李智慧的自尊感 +20，压力 –10，顺应度 –10。

10岁 的李智慧

儿童节快到了，李智慧从一周前就向父母央求，儿童节礼物想要 RC 遥控车。但是儿童节当天李智慧收到的礼物是粉色的小熊玩偶，而弟弟的礼物是 RC 遥控车。

Q：下列李智慧应该采取的行动是？

① 央求跟弟弟的礼物换一下。

父母安慰李智慧玩偶更好看，但是李智慧还是很伤心。

李智慧的压力 +10，感受性 –10。

② 放弃跟弟弟换礼物，以后借弟弟的玩具玩。

经常借弟弟的玩具玩惹弟弟不满，两人的争吵不断。

李智慧的自尊感 –10，顺应度 +10。

③ 寄希望于下一个生日。

李智慧寄希望于下一个生日可以收到 RC 遥控车，但是这次她却收到了儿童 Cosplay（扮装）玩具套装。此后李智慧再也没有求父母给她买什么了。

李智慧的社会性 +20，顺应度 +20。

④ 抢弟弟的礼物。

弟弟意外地很喜欢智慧的小熊玩偶，他们每天换着玩具玩。但是在父母看来，这种情况很不正常。

李智慧的自尊感 +20，压力 –20。

15岁 的李智慧

过年时所有亲戚聚到一起，正在聊天。
叔叔：“看看智慧这个大粗腿！”
舅舅：“都可以拿来腌萝卜了~”
叔叔：“女孩子家的腿怎么可以这样啊。”

Q：下列李智慧应该采取的行动是？

① 害羞地把腿遮上。

此后每次走在路上，都会不自觉地跟别人比较体型，也尽量只穿长裤。

李智慧的自尊感 –10，感受性 –10，压力 +10。

② 向母亲求助。

李智慧偷偷看向母亲并向她求助，但是母亲只是笑而不语。

李智慧的自尊感 –20。

③ 投去轻蔑的眼神。

看到李智慧的反应，叔叔和舅舅笑着说只是开玩笑，但是此后过年过节相同的情况会重复发生。

李智慧的自尊感 +20，顺应度 –10，社会性 –10。

④ 考虑减肥。

李智慧回家后就上网搜索了各种减肥方法，因为拼命减肥影响了身体健康。

李智慧的顺应度 +10，压力 +10，感受性 –10。

17岁的李智慧

去学校的公交车上，李智慧感觉后面大叔的手总往自己屁股上贴。她想隔开距离，但是因为车上人太多很难实现。李智慧应该怎么办呢?

Q：下列李智慧应该采取的行动是?

① **下一站就下车。**

下车后看到后面没有人安心了一些。坚持了一段时间不坐公交车，步行去学校。

李智慧的自尊感 –10，感受性 –10。

② **一边数还有几站下车一边忍着。**

离下车还有很多站，期间露骨的性骚扰行为一直持续着。

李智慧的自尊感 –20，压力 +20，顺应度 +10。

③ **转过身怒视后面的大叔，并跟他理论。**

大叔红着脸发火，旁边的乘客也帮李智慧说话。大叔下一站慌忙下车后，其他乘客在旁边小声议论。

李智慧的自尊感 +20，顺应度 –20，社会性 –10。

④ **向旁边的朋友求助。**

朋友目睹了整件事情，但是因为害怕什么话也没敢说。下车后李智慧跟朋友一起痛斥了大叔，但是羞耻感却没有消失。

李智慧的感受性 –10，社会性 +10。

18岁的李智慧

母亲出去参加聚会不在家，给李智慧发来一条短信。
母亲：智慧啊，今天妈妈会晚点回家，记得给弟弟和爸爸做饭。还有衣服也洗一下。

Q：下列李智慧应该采取的行动是？

① **跟母亲计较为什么只让自己干家务活却不让弟弟干。**
与母亲发生了激烈的争吵，但是母亲一直以为智慧的反抗是因为青春期叛逆。
李智慧的自尊感 +10，感受性 +10，顺应度 –10。

② **跟往常一样干家务活。**
知道自己不干的话所有家务活都是母亲干，所以李智慧无奈只能干家务活。
李智慧的社会性 +10，顺应度 +10。

③ **出门跟朋友玩到很晚再回家。**
李智慧不在家的时候弟弟替她干了家务活，母亲回来后责怪她连这点事情都做不好，还给了弟弟零花钱。
李智慧的社会性 –10，顺应度 –10，压力 +10。

④ **说服弟弟跟自己一起干家务活。**
弟弟抱怨为什么让姐姐干的活要让他干，最终还是李智慧一个人干了所有的家务活。
李智慧的压力 +10，顺应度 +10。

19岁 的李智慧

李智慧跟男友在图书馆自习，趁男友离开座位的工夫好奇偷看了他的手机相册，发现里面有拍李智慧腿部的照片。

Q：下列李智慧应该采取的行动是？

① 等男友一回来就追问。

男友反咬一口向李智慧发火，怪她偷看手机。两人因此而分手。

李智慧的感受性 -10，压力 +10。

② 想着应该是不小心拍到的，删掉照片。

李智慧心里不舒服，但是决定不追究。男友偷拍的习惯依旧。

李智慧的自尊感 -20，顺应度 +10。

③ 近期尽量穿长裤。

此后每次见男友李智慧都会穿长裤，见其他异性的时候也总是担心会被偷拍。

李智慧的顺应度 +10，社会性 -20。

④ 心里不舒服，但是不了了之。

李智慧没有明确追究，事情不了了之，但是两人的关系没有持续多久就分手了。

李智慧的压力 +20，感受性 -10。

20岁 的李智慧

李智慧作为新生参加开学典礼，后桌的男学长们正在对新生进行颜值排名。

学长 1：李智慧大概可以排个第三名吧？

学长 2：什么呀，第六还差不多。

Q：下列李智慧应该采取的行动是？

① 离开座位，假装没听到。

此后李智慧难以应对类似的情况，参加学校聚会活动很不自在。

李智慧的压力 +20，顺应度 +10。

② 站起来转身对学长们发火。

理直气壮进行了反击，但是此后专业课分组没人愿意跟她组队。

李智慧的社会性 –20，压力 –20，自尊感 +10。

③ 赶忙拿出镜子检查妆容。

此后整个学期，李智慧对自己外貌的自卑心理越发严重。

李智慧的自尊感 –10，感受性 –10，顺应度 +10。

④ 坐在那里给学长们的颜值排名。

李智慧的举动让男学长们很尴尬，但是得到了同桌女学长们的附和。可此事成为了与同校的男友分手的原因。

李智慧的自尊感 +20，社会性 –10，顺应度 –10。

21岁 的李智慧

李智慧跟男友发生了关系，平时会准备好避孕套的男友说这次忘了带。

男友：智慧啊，便利店太远了，今天就直接做行不行？我会射在外面的。

Q：下列李智慧应该采取的行动是？

① **不想影响气氛，所以答应。**

此后月经有点延迟，男友安慰她应该没事的。但是李智慧还是非常不安，手机里满是危险期和怀孕初期症状的搜索记录。

李智慧的压力 +10，顺应度 +10，感受性 –10。

② **果断拒绝发生关系。**

男友没有说什么，但是很明显感受到他的失落。此后每次都会准备好避孕套，但是会不停抱怨。

李智慧的自尊感 +20，压力 –20。

③ **告诉男友自己正在危险期。**

计算后发现不是危险期，李智慧对欺骗男友感到不安。男友失落地没跟她发生关系，但是李智慧并不后悔这么做。

李智慧的自尊感 +10，顺应度 –10。

④ **劝说男友一起去买避孕套。**

劝说男友一起去买避孕套，男友大发脾气说：“我会负责的，你不相信我吗？”两人因为此事大吵一架，成为了分手的导火索。

李智慧的压力 +20。

25岁的李智慧

李智慧在出租房里，一个人看着美剧享受着炸鸡和啤酒的时候，收到一条陌生人的短信。

短信：我是刚才送餐过去的外卖员，你太让我动心了，所以忍不住跟你联系。

Q：下列李智慧应该采取的行动是？

① **回复表示拒绝的短信。**

虽然回复了拒绝短信，但是之后不断有电话、短信、聊天软件和脸书等信息骚扰。李智慧在苦恼要不要投诉。

李智慧的压力 +10，自尊感 +10。

② **告诉男友。**

把事情告诉了男友，男友反而责怪李智慧："都说让你不要一个人的时候点外卖了。"

李智慧的自尊感 –10，感受性 –10。

③ **投诉外卖公司泄露个人信息。**

公司发来了道歉信，但是却没有换掉外卖员。此后不断收到陌生号码发来的辱骂短信。

李智慧的自尊感 +10，社会性 –10，顺应度 –10。

④ **屏蔽电话号码。**

虽然很喜欢这家炸鸡店，但还是屏蔽了电话号码，再也没点这家的外卖。李智慧一想到有人知道她的电话和地址心里就不舒服。

李智慧的压力 +20，顺应度 +10。

27岁 的李智慧

李智慧毕业后跟同学聚会喝酒，玩得正热闹的时候看到手机上有男友的 10 个未接来电，赶紧打电话过去。

男友：都这个点了你在干什么？拍张你那的照片给我看看。

Q：下列李智慧应该采取的行动是？

① 偷偷拍下聚会的照片发过去。

偷偷拍照片的时候手机快门响了，导致李智慧非常尴尬。发了照片过去男友依然发短信过来纠缠，问她是不是有别的男人了。

李智慧的自尊感 –10，感受性 –10，顺应度 +20。

② 对男友的胡搅蛮缠发火。

听到李智慧发火的声音男友提高嗓门喊道："果然是跟别的男人在一起！"李智慧嫌烦挂断了电话。

李智慧的自尊感 +20，压力 +20，顺应度 –10，感受性 –10。

③ 在电话里跟男友解释什么事情也没有。

同学们听到李智慧打电话的声音，都批评她男友的纠缠不休，李智慧无言以对。

李智慧的顺应度 +10，感受性 –10，自尊感 –10。

④ 马上收拾东西回家。

撇下同学们回到家，结果男友还是纠缠不休，让她拍在家的照片给他。

李智慧的压力 +20，社会性 –20。

30岁的李智慧

李智慧与交往已久的男友结婚，某天正准备午饭，突然听到了门锁的声音，看到婆婆推门进来。婆婆竟然知道门锁的密码，李智慧觉得不太高兴。

Q：下列李智慧应该采取的行动是？

① 体谅对方，不计较。

李智慧什么也没说，婆婆突然来访的次数越来越频繁，每次来还要干涉家务。

李智慧的社会性 +10，压力 +10，顺应度 +10。

② 也告诉自己的母亲密码。

丈夫看起来对李智慧的母亲知道家里的密码感到很不快。李智慧的母亲并没有频繁到家里来，但是每次来丈夫都会避开。

李智慧的自尊感 +10，感受性 +10，压力 –10。

③ 与丈夫讨论这个问题。

丈夫说告诉母亲门锁密码没什么大不了的，表示对她很失望。他们大吵一架，最后李智慧决定不告诉自己的母亲密码。

李智慧的社会性 –10，压力 –10。

④ 拜托婆婆提前联系再来访。

婆婆听了儿媳妇的话不太高兴，把这个事情告诉了儿子。李智慧的丈夫偏袒他的母亲。

李智慧的压力 +20，顺应度 –10。

31岁 的李智慧

为了庆祝父亲的生日，亲戚们中午聚餐，所有人的关注点都在新婚的李智慧身上。

大伯：打算什么时候生孩子啊？

婶婶：现在已经算高龄产妇了吧？现在的年轻人都不生孩子，真是个问题。

Q：下列李智慧应该说的话是？

① **我会看着办的。**

大伯好像不太满意智慧的回答，干咳了几声喃喃自语道："现在的孩子真是的，还不是为她好……"

李智慧的压力 –20，社会性 –10。

② **啊……对……会生的。**

李智慧虽然没有生育的打算，但是为了避免继续被追问只能回答会生。此后的家庭聚会和聚餐也会经常被问到类似的问题。

李智慧的社会性 +10，顺应度 +10，压力 +20。

③ **因为要工作还没有计划生孩子。**

亲戚们听到李智慧的回答，急忙开始给她说教生儿育女的崇高性和重要性。李智慧承受了很大压力，这顿饭吃得消化不良。

李智慧的社会性 –20，顺应度 –10。

④ **（马上转移话题）洗手间在哪？**

智慧马上转了话头，会意的母亲也试图把话题转到别的上面，但是没有得到明确答复的亲戚们还是不断追问生育问题。

李智慧的自尊感 –10，感受性 –10。

32岁 的李智慧

李智慧意外怀孕，开心是短暂的。公司领导可不觉得李智慧怀孕的消息是值得高兴的。

领导：智慧啊，你也知道公司的情况，批准你带薪休假有点困难，我们也不是什么大公司……

Q：下列李智慧应该采取的行动是？

① 为了避免工作中断，考虑堕胎。

瞒着丈夫打听堕胎的事，被发现后遭到丈夫坚决反对。丈夫承诺孩子出生后会支持她重返职场，但后来他并没有做到。

李智慧的顺应度 +20，社会性 +10。

② 主张自己应有的权利。

李智慧向领导主张自己的权利，要求带薪休产假，但公司没有同意。向劳动局投诉后，在公司被穿小鞋，再也工作不下去。

李智慧的自尊感 +10，顺应度 –10，社会性 –10，压力 –10。

③ 辞掉工作。

虽然是毕业后第一份工作，对公司也有感情，但最终还是因为生育问题辞职了。与李智慧的苦闷不同，丈夫却大呼快哉，说她可以一直待在家里真好。

李智慧的感受性 –10，自尊感 –10。

④ 向公司低头请求无薪休假。

没有做错事的李智慧委曲求全，才勉强保住了产后留在公司的机会。

李智慧的自尊感 –20，顺应度 +10。

35岁 的李智慧

为了见久违的朋友，李智慧带着年幼的女儿来到咖啡厅。孩子突然开始哭闹，抱起来哄她也不管用，孩子仍然哭个不停。旁边的中年男子大声呵斥她们安静点。

Q：下列李智慧应该采取的行动是？

① **再三道歉。**

尽管李智慧再三道歉，中年男子的指责并没有停止。咖啡厅里的所有人都看着李智慧，她最终不得不带孩子回家。

李智慧的压力 +10，顺应度 +10。

② **请朋友谅解后离开。**

久违的外出，让李智慧体会到带幼儿去咖啡厅是一件非常不容易的事情。此后，李智慧便不愿再带孩子去公共场所。

李智慧的感受性 –20，社会性 –20，压力 +10。

③ **对呵斥表示不快。**

与中年男子发生口角，最终中年男子又是破口大骂又是脚踢座椅后，离开了咖啡厅。

李智慧的压力 –10，顺应度 –10，自尊感 +10。

④ **继续坐着哄孩子。**

哄孩子的过程中，中年男子一直瞪着她破口大骂。最终，朋友提议离开，两人才离开了座位。

李智慧的压力 +10，社会性 –10。

37岁的李智慧

同丈夫一起乘车，路上看到前方粉色轻型车的司机驾驶不熟练，丈夫开始骂骂咧咧。

丈夫：这帮金女士（注：金女士是对驾驶不熟练的女司机的蔑称），不如在家做饭。

Q：下列李智慧应该说的话是？

① 你怎么知道司机是女的还是男的？

听到李智慧的话，丈夫说“一看就知道”，把整个女司机群体痛骂了一顿。最终，两人发生争吵，久违的外出约会在沉默中度过。

李智慧的自尊感 +10，压力 +10，顺应度 –10。

② ……

李智慧知道丈夫平时一抓方向盘就会做出过激言行，所以决定安静地坐着。但是丈夫的恶言恶语却没完没了。

李智慧的压力 +20，顺应度 +20。

③ 你开始也是个新手啊。

“金女士们跟我不是一个级别的！”丈夫继续贬低女司机。结果开到前面看到是男司机，他只好转移话题开始说别的。

李智慧的压力 +10。

④ 对，就是金女士们的问题。

得到李智慧的附和，丈夫开始了更兴高采烈的贬低发言。几天后，李智慧开车时遭遇同样的情况，有别的男士叫她金女士。

李智慧的社会性 +10，顺应度 +10，感受性 –10。

38岁 的李智慧

过年前夕，母亲出了交通事故。李智慧担心独自准备过年的父亲，今年想先回娘家。但是却接到婆婆的电话，说要准备的东西很多，让她提前一天回去。

Q：下列李智慧应该采取的行动是？

① 请婆婆谅解。

婆婆抱怨说如果智慧不在谁来准备食物，最终李智慧只能提前一天去了婆家。

李智慧的自尊感 –10，压力 –10，顺应度 +10。

② 与丈夫商量该怎么办。

丈夫说服李智慧先去婆家过年，中午再出发去娘家。但是直到过年第二天，李智慧才有办法脱身去了娘家。

李智慧的压力 +20，社会性 +10。

③ 心里不舒服，但还是先去婆家。

她像往常一样煎着饼，丈夫坐在沙发上边看电视边咯咯笑。李智慧叹息自己是为了这样的生活才结婚的吗。

李智慧的压力 +10，顺应度 +20，自尊感 –10。

④ 凌晨先回一趟娘家，再去婆家。

凌晨回娘家准备过年的东西，中午再去婆家做准备。李智慧因身体超负荷，节后病倒了。

李智慧的社会性 +20，感受性 –20。

39岁 的李智慧

丈夫希望李智慧在家专心育儿，但是有个作家梦的她并不想放弃。曾是优秀编辑的李智慧，因为生孩子中断工作，想再就业并不容易。

Q：下列李智慧应该采取的行动是？

① **先找个兼职试试。**

尝试找了几份兼职，但发现很难平衡工作和育儿。

李智慧的社会性 –10，顺应度 –10。

② **听从丈夫的意愿，为家庭献身。**

李智慧为了家庭放弃了自己的梦想，也因此对孩子的控制和依赖都变强了。

李智慧的顺应度 +20，自尊感 –10。

③ **把写作当成兴趣。**

李智慧不断把当成兴趣写的文章发布到博客，越是写作，想去公司上班的愿望越是强烈。与现实的疏离感使她的压力日渐增大。

李智慧的压力 +20，感受性 –10，社会性 +10。

④ **瞒着丈夫不断投简历。**

丈夫发现了李智慧的简历，嘴上说支持他，实际上却对没有专注育儿的李智慧投来失望的眼神。因为此事两人的关系疏远了一些。

李智慧的顺应度 –10，自尊感 +10，社会性 +10，感受性 +10。

40岁 的李智慧

最近丈夫对李智慧的外貌挑剔和唠叨的次数越来越多。

丈夫：化个妆再出门啊。永植的媳妇又会自我管理，还经常运动。长得一般至少得会化妆啊！

Q：下列李智慧应该采取的行动是？

① **上网了解化妆品。**

买回来化妆品后，按丈夫的要求在家时也化妆。但是丈夫却嘲笑她："南瓜画几条线，就能变成西瓜吗？"

李智慧的自尊感 –20。

② **也挑剔丈夫的外貌。**

丈夫反驳说男人的外貌不重要。李智慧无语且恼火，但是没有自信可以赢过强势的丈夫。最终只能放弃同丈夫对话。

李智慧的感受性 –10，顺应度 –10，压力 +10。

③ **照镜子，考虑要不要做整容手术。**

李智慧跟朋友一起到整形外科，经过咨询做了个微整形手术。但是丈夫并没能察觉李智慧的变化。

李智慧的感受性 –10，压力 –10，顺应度 +20。

④ **找丈夫要外貌管理费。**

李智慧也拿朋友丈夫的赚钱能力跟他做比较，丈夫终于闭上了嘴。

李智慧的压力 –10。

45岁 的李智慧

李智慧前一晚做了个吉利的梦，所以去买了彩票。今天查中奖信息，发现中了100万（约6000元人民币）。李智慧在苦恼这笔钱应该怎么花。

Q：李智慧应该把奖金用在什么地方？

① 给丈夫买一套正装。

买了一套正装作为礼物送给丈夫，丈夫却没什么特别的反应。李智慧觉得自己的这笔钱花得太不值了。

李智慧的顺应度 +10，社会性 +10。

② 给自己换一台笔记本电脑。

李智慧换掉了自己的旧笔记本电脑。丈夫追问李智慧哪来的钱，她编了个谎言。

李智慧的自尊感 +10，压力 –10。

③ 安排家庭旅行。

李智慧把实情告诉了丈夫，并提议全家一起去旅游。丈夫却说他太忙了去不了，让李智慧把他那份旅游的钱直接给他。李智慧觉得很荒唐。

李智慧的压力 +10，顺应度 +10。

④ 作为存款。

虽然想为自己花这笔钱，但是这次还是打算为家庭做贡献。后来这笔存款用于丈夫的保证金补缴。

李智慧的自尊感 –10，顺应度 +10。

48岁 的李智慧

昨天晚上比较冷，周末早晨醒来，李智慧身体不太舒服。丈夫和儿子在客厅看电视。李智慧一出来，两个人头也没回地开始叫唤。

丈夫：老婆，做饭吧，我饿了。

儿子：妈，早上吃什么?

Q：下列李智慧应该采取的行动是?

① 说身体不舒服，建议点外卖。

丈夫抱怨说大早晨的点什么外卖，儿子也在一旁附和。李智慧没办法，只能拖着不适的身体去做饭。

李智慧的顺应度 +10，压力 +10，感受性 −10。

② 关门回房间。

虽然听到外面丈夫和儿子的抱怨声，但身体不舒服的李智慧没力气管他们。最终，丈夫和儿子出门吃了饭回来，李智慧饿了一顿。

李智慧的自尊感 +10，顺应度 −10。

③ 忍着不舒服去做饭。

看到母亲不舒服的样子，儿子劝他去医院，李智慧说把饭做好了就去。最后，李智慧还是没有去医院。

李智慧的顺应度 +20。

④ 向家人吐露失望。

虽然丈夫和儿子有些难为情，但也绝没有自己做饭的意思。

李智慧的压力 +10，感受性 −10。

50岁 的李智慧

突然接到学校班主任的电话，说是儿子东辉作弊被抓到了。那天晚上丈夫一回来，就开始对这件事情发脾气。

丈夫：我在外面辛苦工作，这些事情你得管好吧，你到底怎么教育孩子的?

Q：下列李智慧应该说的话是?

① **孩子是我一个人养吗 ?!**

丈夫开始讲他在公司的工作，说教育孩子应该由李智慧负责。李智慧悲伤地哭起来，从那以后再也没有跟丈夫商量过教育问题。

李智慧的感受性 –10，压力 +10。

② **……知道了。**

虽然李智慧有很多话想说，但是知道说再多也没有用，只是白费口舌而已，所以一直把话压在心底。

李智慧的顺应度 +10。

③ **我去跟东辉好好谈谈。**

李智慧单独跟儿子谈了谈，正值青春期的儿子叛逆性极强，独自负责儿子教育的李智慧力不从心。

李智慧的自尊感 –10。

④ **老公，我一个人力不从心。**

听了李智慧的话，丈夫开始对儿子毫不留情地破口大骂。结果，儿子和丈夫的关系变得更加疏远，李智慧夹在中间很是难堪。

李智慧的感受性 –10，顺应度 +10。

55岁 的李智慧

地铁孕妇专座上坐着一个大叔，前面有个孕妇站着，大叔却完全没有让座的意思。

智慧：这位大叔，你不能坐那里，这里还有位孕妇呢。

大叔：啥玩意儿？大妈你是她的亲妈？

Q：下列李智慧应该采取的行动是？

① **请他让座给孕妇。**

听到李智慧的话，大叔冷哼一声。最后旁边的年轻女子给孕妇让了座。大叔一路上都在嘀嘀咕咕说："孕妇了不起啊。"

李智慧的自尊感 +10，顺应度 –10，压力 –10。

② **虽然生气但不敢惹，转身背对他。**

面对咄咄逼人的中年男子，李智慧不敢继续说什么，只能转身。转身后大叔对着李智慧的后脑勺破口大骂。

李智慧的自尊感 –10，感受性 –10。

③ **向周围的人求助。**

李智慧向周围人投去了求助的目光，但是大家都只是看着手机。后来有人把视频发到了社交网站上。

李智慧的顺应度 –10，社会性 –20。

④ **鼓励孕妇到别的车厢看看。**

李智慧看着孕妇，想到曾经也没有人给自己让座的孕妇时期。虽然孕妇转移到了别的车厢，但还是满员状态，没有座位。

李智慧的压力 +10，顺应度 +10，感受性 –10。

56岁的李智慧

丈夫退休后经常喝酒，每次喝完酒回家都要发脾气。今天也是照例跟李智慧争吵，嗓门越来越高，还推了一把李智慧，她胳膊上青了一块。

Q：下列李智慧应该采取的行动是？

① 因为害怕，等他酒醒了再说。

丈夫不记得喝醉时做了什么。虽然再三说了对不起，但是类似的事情还是时有发生。

李智慧的顺应度 +10，自尊感 –10。

② 回房间把门锁上。

喝醉酒的丈夫以破门而入的气势狠踹房门，最终，随着一声巨响，房门被踢开了。李智慧觉得丈夫的暴力行为令人恐惧。

李智慧的压力 +20。

③ 向警察投诉家暴。

警察赶到后，认为只是单纯的家庭矛盾，没有进一步处理。此后，邻居们见到李智慧就会议论纷纷。

李智慧的社会性 –10，顺应度 –10。

④ 怒视丈夫。

对于怒视他的李智慧，丈夫更加生气，开始砸家里的东西。李智慧想拦住失控的丈夫，但是根本招架不住。

李智慧的自尊感 –10，感受性 –10，压力 +20。

58岁 的李智慧

最近，兼职下班回家的路上，李智慧总觉得有人在跟着她。回到家跟家人说起这件事情。

儿子：妈，你又不是年轻小姑娘，谁会尾随你啊，是你的心理作用吧。

Q：下列李智慧应该采取的行动是？

① 虽然害怕，但还是接受了儿子的说法。

心想应该不会有事，但是每次下班还是害怕，一路小跑回家。

李智慧的顺应度 +20，感受性 –20。

② 让儿子第二天开始来接她。

儿子心不在焉地答应了，但是第二天却没有来接她。李智慧被昨天的怪人偷袭，住了一段时间的医院。

李智慧的压力 +30。

③ 到附近的派出所求助。

派出所的反应跟儿子差不多，跟李智慧讲应该没啥事，并承诺会加强巡逻。

李智慧的社会性 –10，自尊感 +10。

④ 把兼职时间改到白天。

李智慧把兼职时间改到了时薪比较少的白天。虽然工资变少了，但觉得安全，心里也踏实了。

李智慧的自尊感 +10，感受性 +10，压力 –10。

60岁的李智慧

丈夫退休后赋闲在家，但是家务活都是李智慧一个人干。李智慧对油瓶倒了都不扶的丈夫抱怨了一句。
丈夫：男的怎么能干那些！

Q：下列李智慧应该说的话是？

① **我可是干了一辈子！**
听到李智慧的话，丈夫觉得心虚，但还是没有改变自己的观点。最终仍是争吵不断，丈夫毫无变化。
李智慧的顺应度 –10。

② **都是这个家的一份子，还分什么男女！**
丈夫说："我工作了一辈子，现在不能歇一歇吗？"最终李智慧只能放弃。她从结婚到现在，干了一辈子的家务活。
李智慧的感受性 –10，压力 +10。

③ **知道了，就帮我一下。**
对于拜托他干家务活的李智慧，丈夫妥协一步，开始整理洗好的衣物。此后，丈夫虽会帮忙做一些家务活，但也就仅止于洗衣服和扔垃圾。
李智慧的自尊感 +20，压力 –20。

④ **……行吧。**
李智慧跟丈夫讲不通，只能认为这是自己的报应。退休后的丈夫整天待在家里，李智慧很难有机会外出，更加增添了孤独感。
李智慧的压力 +10，社会性 –20。

65岁 的李智慧

结了婚的儿子带着孙子来找她。儿子夫妇是双职工，所以比较忙，暗暗表示希望李智慧帮他们带孙子。

儿子: 妈, 就帮我带一个月好不好, 我真的太忙了。就当再养我一次呗。

Q：下列李智慧应该采取的行动是？

① **以本人健康问题为由拒绝。**

看到李智慧坚决的样子，儿子流露出遗憾。但是李智慧不想再承受一次带孩子的压力。

李智慧的自尊感 +10，压力 –10。

② **说好了是最后一次，勉强答应照顾孙子。**

李智慧总是为了儿子牺牲自己的生活，这次也是如此。

李智慧的感受性 –10，顺应度 +10。

③ **建议儿子雇个保姆。**

儿子说因为经济原因雇不起保姆，不管三七二十一把孩子留下就走了。李智慧觉得很荒唐，但也不得不照顾孙子。

李智慧的压力 +10。

④ **欣然答应。**

看到孙子可爱的笑脸，李智慧欣然答应了照顾孙子，但是感到体力和精力都不足，非常辛苦。为了照顾孙子，很久以前跟朋友们计划好的旅行也去不成了。

李智慧的社会性 –10。

70岁的李智慧

可爱的孙子过生日，李智慧亲手织了一顶粉色的帽子送给他。收到礼物的孙子脸色暗下来，开始哭闹。

孙子：奶奶，这是什么！只有女孩子才会戴这种颜色的帽子！呜呜。

Q：下列李智慧应该采取的行动是？

① 责怪儿子没教好孩子。

李智慧将孙子的固有偏见告诉了儿子，说他平时的教育有问题。但是儿子却不以为然，说又不是什么大事干吗要这样。李智慧有些尴尬。

李智慧的自尊感 –10，感受性 –10。

② 告诉孙子颜色不分男女。

听到李智慧的话，孙子慢慢停止了哭泣。此事成为了改变孙子固有偏见的契机。

李智慧的自尊感 +10，压力 –10。

③ 答应给他重新织一顶帽子。

虽然织帽子很花时间，但是看到孙子的哭脸就心软了。李智慧一周闭门不出，给孙子织了一顶新帽子。

李智慧的顺应度 +10，感受性 –10。

④ 给他零花钱避免麻烦。

孙子停止了哭泣，事情告一段落。但是看着孙子的帽子，李智慧陷入了沉思。

李智慧的压力 +10，社会性 +10。

72岁 的李智慧

丈夫去世 10 年，李智慧迎来新感情。想同既绅士又亲切的东哲度过余生，但是家人却强力反对。

儿子：妈，您都这个年纪了还结什么婚啊。多丢人啊，您就不能替我们想想吗?

Q：下列李智慧应该采取的行动是?

① **说服儿子。**

告诉儿子东哲的优点，以期说服他改变想法，但是儿子固执己见。李智慧不得已放弃跟东哲交往。

李智慧的自尊感 –10，感受性 –20，社会性 +10。

② **跟东哲分手。**

东哲不满意突然提出分手的李智慧，他理解李智慧的难处所以没有进行挽留。李智慧之后再想找到真爱就困难了。

李智慧的感受性 –10，压力 +10，顺应度 +10。

③ **瞒着儿子交往。**

李智慧决定放弃结婚，只和东哲谈恋爱。虽然没有结婚，但两人的关系日渐深厚，而与儿子的关系却日渐疏远。

李智慧的自尊感 +20，顺应度 –20。

④ **对儿子发火，强行结婚。**

跟他说自己为人母之前也是个女人，但是儿子却不能理解她。李智慧跟东哲开始了新的生活，跟儿子断绝了关系。

李智慧的自尊感 +30，顺应度 –20。

80岁的李智慧

李智慧因突发事故撞掉了门牙，治疗牙齿需要500万元（约3万元人民币），这不是个小数目。李智慧不知道怎么筹到这笔钱，很是苦恼。

Q：李智慧应该怎么筹这笔钱？

① 联系子女。

李智慧联系了儿子，儿子手头也没有这么多钱。结果李智慧只能放弃治疗牙齿。

李智慧的顺应度 +10，压力 +10。

② 卖掉家里的首饰。

把珍藏的首饰卖掉筹到了治疗费，但是心里感觉空落落的。

李智慧的自尊感 –10，感受性 –10。

③ 联系熟人。

李智慧厚着脸皮求人帮忙，总算勉强筹到了钱。因为这件事，朋友们渐渐开始躲着她了。

李智慧的社会性 –10，自尊感 –10。

④ 当保洁员自己筹钱。

不善言辞的李智慧决定直接打工赚钱。但是辛苦的劳动损坏了她的身体，反而增加了医疗费支出。

李智慧的压力 +10，自尊感 +10，社会性 +10。

90 岁 的李智慧

李智慧今天也是一个人吃午饭，忽然觉得生活好孤独。除了过节很难见到儿子和儿媳，孙子最近好像也躲着她。李智慧想找什么人聊一聊。

Q：李智慧应该给谁打电话？

① **养老院的朋友。**

和朋友聊天，孤独感似乎得到了缓解，但是挂了电话后涌上来的空虚感却让人无法忍受。最终李智慧还是孤身一人。

李智慧的社会性 +10，压力 –10。

② **儿子。**

多次给儿子打电话，但是儿子都没有接。李智慧回想起自己为子女全身心奉献的过去。

李智慧的感受性 –20，压力 +10。

③ **孙子。**

虽然和孙子通了电话，但是除了健康和天气没有什么可以聊的话题。老套的通话内容持续不到 5 分钟就结束了。

李智慧的感受性 –10。

④ **不给任何人打电话。**

拿起电话翻了翻联系人名单，不知道给谁打合适。李智慧孤身一人，回顾自己的一生，只有无尽的悲伤。

李智慧的自尊感 –10，感受性 –10，社会性 –10，压力 +10。

设计师问答

问： 这几年，关于女性平权的话题在韩国受到了广泛关注，你为何选择桌面游戏这种形式来展现这个话题？

近年来，韩国对女性人权和性别歧视的讨论十分活跃，但是，依然有很多人对性别歧视没有认知。我认为，为了解决这个问题，更应该揭露女性在日常生活中所遭受的歧视，并对此进行积极的讨论。桌面游戏是一个很好的媒介，因为很多人可以在线下进行游戏，交流观点。因此《李智慧生存游戏》被策划成了综艺节目，让更多人参与到讨论中来。

问： 很多人玩完这款游戏之后会觉得压抑，进而陷入沉思，但也有人会觉得有些问题“小题大做”，你怎么看待大家这些情绪？

觉得这个游戏被夸大的人，不知道女性问题有多常见，我对此感到郁闷和悲伤。如果想有所改变，就应该揭露女性在遭受什么样的歧视，并呼吁大家关注。

实际上，部分玩家在玩游戏的时候，也会谈论自己所遭受的或者目睹的性别歧视。在这个过程中，玩家常常会意识到性别歧视不是一部分人的问题。虽然不能完全消除男女之间的分歧，但就算是少数人对这个问题进行了思考，我认为这个游戏已经达到了目的。

问： 游戏取得的反响是否超乎你的预料？看到了哪些令你印象深刻的反馈？

我很惊讶人们对《李智慧生存游戏》的关注度日益增高，这意味着人们对女性人权的关注度越来越高了。最令人印象深刻的是年轻学生们在学校课程中接触这款游戏的故事。我听说中学生已经开始通过这款游戏了解性别歧视，并共同讨论如何克服性别歧视。虽然我制作的游戏微不足道，但令人欣慰的是，我或许为下一代抵制性别歧视奠定了基础。

问： 你此刻的生活、未来的计划因这款游戏的成功发生了怎样的改变？

之前是出于兴趣制作的游戏，现在成了体面的职业。并且通过《李智慧生存游戏》，我对女性人权更加感兴趣了。继我的这款处女作之后，我还设计了卡牌游戏，现在筹备制作中的作品也是以女性为中心的游戏。

问： 作为一名女性，如果要你向男性提出一个希望他们直面回答的问题，你会问什么？

律师、科学家、医生、飞行员、政治家，这五种职业，你马上能想到的名人，有多少是女人呢？是不是性别歧视在你的潜意识中已经根深蒂固了？

—— 选自《心流：棋盘上的她》

图书在版编目（CIP）数据

李智慧生存游戏 / (韩) 权修仁, (韩) 高诚陪著；
DICE译. -- 北京：中信出版社, 2020.4
ISBN 978-7-5217-1578-1

Ⅰ.①李… Ⅱ.①权… ②高… ③D… Ⅲ.①心理测验－通俗读物 Ⅳ.①B841.7-49

中国版本图书馆 CIP 数据核字(2020)第 028083 号

李智慧生存游戏

著　　者：［韩］权修仁 高诚陪
译　　者：DICE
出版发行：中信出版集团股份有限公司
（北京市朝阳区惠新东街甲4号富盛大厦2座 邮编 100029）
承 印 者：广州番禺三九丰发彩印有限公司

开　　本：880mm×1230mm　1/32　　字　　数：10 千字
版　　次：2020年4月第1版　　印　　次：2020年4月第1次印刷
京权图字：01－2018－0163
广告经营许可证：京朝工商广字第8087号
书　　号：ISBN 978-7-5217-1578-1
定　　价：148.00元

服务热线：400-600-8099
投稿邮箱：author@citicpub.com

一个女人可以信赖的，
就是她自己；
能够让她扬眉吐气的，
也是她自己。

李智慧生存游戏说明书

이지혜 게임

15＋
15岁以上
游戏年龄

4～6人
游戏人数

40～60分钟
游戏时间

游戏介绍

一般来说，那些单纯依靠移动棋子、掷骰子或者完成任务的桌游，都无法让你对女性的生存现实感同身受。

而这款《李智慧生存游戏》，列举了诸多女性会经历的情景，由这些大家熟悉的故事，构成这款叙述型养成游戏。就像 TRPG（桌面角色扮演游戏）或黑帮游戏（谈判类型游戏）一样，通过李智慧和身边人的故事情节来推进游戏。

你需要在游戏中对李智慧说一些难听的话，这也许会让你心里很不舒服，也可能因此而乱说一通毫无逻辑的废话。通过这种情景剧，玩家们可以客观地观察事件，并产生共情。请慎重考虑你说话的内容，因为你的话可能使李智慧送命，也可能成为让她续命的关键发言。

游戏方法

❶ 由 1 位玩家扮演李智慧，其他玩家随机抽取角色牌，成为李智慧身边的人。每个身边的人的角色，都负责守护李智慧的某个属性。这些属性中只要任何一个数值变为 0，李智慧就会死掉，也意味着所有玩家全部失败。（压力跟其他属性不同，数值达到 100 就会死亡。）只有在李智慧安然度过老年期的情况下，拥有最高剩余属性的角色获得游戏胜利。（数值最高不会超过 100。）

角色牌共有 5 张，如果玩家人数不足，角色牌会做如下缩减，角色负责的属性也有如下变化：

20 岁的李智慧

李智慧作为新生参加开学典礼，
后桌的男学长们正在对新生进行颜值排名。

学长 1：李智慧差不多可以排个第二名吧？
学长 2：什么呀，第六还差不多。

Q：　下列李智慧应该采取的行动是？

A：
① 起身离开座位，假装没听到。
② 站起来转身，对学长们发火。
③ 赶忙拿出镜子检查妆容。
④ 坐在那里给学长们的颜值排名。

那种情况不应该忍着吧？总是习惯性忍着可能会压力太大，导致抑郁自杀的。

话是这么说，但是也不能只考虑压力，也可能顺应度被扣没了死掉啊。还是得先确保人活着。

要是考虑顺应度的话，应该选 1 或者 3 吧。要不选 1 吧，以后要想适应社会，就得学会装聋作哑。

说什么呢！以牙还牙，以眼还眼！也给他们做个排名呗，看他们以后还敢不敢。

权修仁

권수인

1992 年生，国语专业毕业，桌游设计师。网名 Nollemi(黄石斑鱼)，现任 Dear my S 出版社的代表及设计师。

负责《李智慧生存游戏》的总策划和设计。参与制作的桌游有《Iovana》《不爽的游戏》等。

高诚陪

고성배

1984 年生，大学专业是建筑。现任《The Kooh》杂志的总编辑和 .TXT 出版社的代表。负责《李智慧生存游戏》的设计。

曾负责出版《韩国妖怪图鉴》等，还是一位活跃的自由撰稿人。

游戏配件

李智慧人生版图1张、游戏说明书1本、答案解析书1本、李智慧卡牌4组、李智慧身份证1张、角色牌5张、带擦头的白板笔1支、李智慧履历表1张、李智慧属性记录板1个、用于计分的方粒5个（不同颜色代表不同属性）、挡板1张（用于李智慧玩家遮挡答案和记录情况）、时间沙漏1个（时长2分钟）。

李智慧人生版图 ×1

游戏说明书 ×1

答案解析书 ×1

李智慧卡牌 ×4

角色牌 ×5

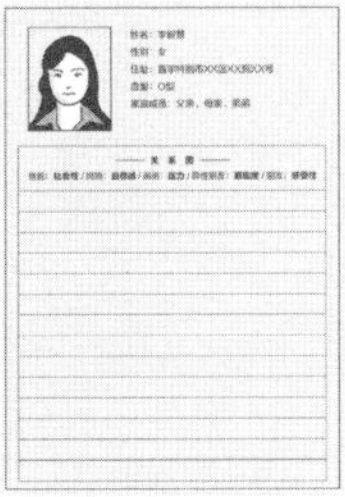

李智慧履历表 ×1

李智慧属性记录板 ×1

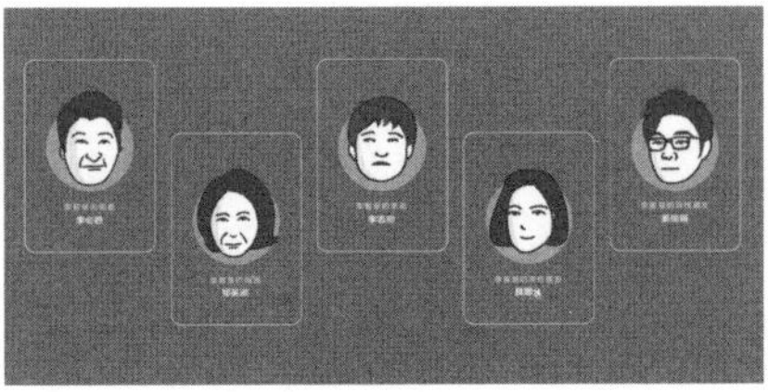

挡板 ×1

李智慧身份证 ×1

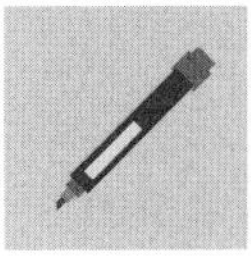

白板笔 ×1

方粒 ×5

沙漏 ×1

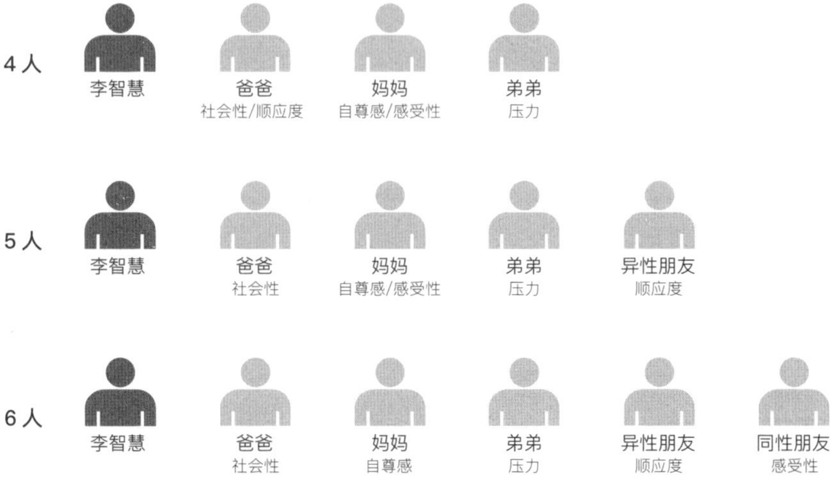

每张角色牌会有对应的能力，扮演该角色的玩家可以在适当的时候使用角色能力，并翻转此牌。所有角色能力在整局游戏中只能使用一次。

❷ 李智慧玩家从每个年龄时期随机抽取 5 张李智慧牌，按照年龄从小到大的顺序，背面朝上，从左到右，摆放到游戏版图相对应的位置。李智慧将依次经历童年和少年期、青年期、中年期、老年期，每次由李智慧玩家决定翻开哪张卡牌进行讨论，每个时期进行 3 张牌的讨论后，自动进入下一个时期。

❸ 牌上会显示李智慧遇到的状况，身边的人需要对这个状况进行讨论，并从答案选项中做出选择，推荐采用沙漏来规范每个人的发言时间。（这时候各位玩家需要想办法引导答案选项的选择，使自己负责的属性值不被扣分。但在游戏中，剩余属性值是不公开的，只有李智慧本人知道。各位玩家需要靠各自的推测进行讨论。）初始属性值都是从 50 开始。

❹ 身边的人集中讨论后，确定一个最终答案，李智慧参考答案解析书，将答案对应的结果记录到履历表上，同时在属性记录板上移动方粒，以显示各个属性的分数变化（在游戏开始时，所有方粒均摆放在 50 分那一格）。履历表和属性记录板只有李智慧本人可以看到，在记录时要用挡板遮挡。

—— **关系图** ——

爸爸：**社会性** / 妈妈：**自尊感** / 弟弟：**压力**
异性朋友：**顺应度** / 同性朋友：**感受性**

李智慧的理想从宇航员变更为韩国小姐。

高中生李智慧听从父母的劝告，没选理科选了文科。

李智慧因为反抗前辈的性骚扰，在学校里被孤立。

❺ 游戏一结束，李智慧要把履历表中记录的内容大声念给大家听。

游戏目标

李智慧生存游戏的目标是让李智慧活下去。经历游戏中所有的情景之后，如果李智慧还活着的话，那么就首先达成了共同目标，之后再根据李智慧各个属性值来决定胜负。游戏结束时，拥有最高剩余属性值的玩家获胜。

身为女性，
我能顺利活下去吗？